Changement climatique

Impact sur l'agriculture et coûts de l'adaptation

Gerald C. Nelson, Mark W. Rosegrant, Jawoo Koo, Richard Robertson, Timothy Sulser, Tingju Zhu, Claudia Ringler, Siwa Msangi, Amanda Palazzo, Miroslav Batka, Marilia Magalhaes, Rowena Valmonte-Santos, Mandy Ewing, et David Lee

Institut international de recherche sur les politiques alimentaires IFPRI
Washington, D.C.

Actualisé en Octobre 2009

QU'EST-CE QUE L'IFPRI ?

L'Institut international de recherche sur les politiques alimentaires (IFPRI) a été fondé en 1975. Il est l'un des 15 centres de recherche agricole essentiellement financés par des États, des fondations privées et des organisations internationales et régionales. La plupart de ces centres sont membres du Groupe consultatif pour la Recherche agricole internationale.

Illustration de couverture adaptée d'une photo de © Sven Torfinn/PANOS et © 2009 Klaus von Grebmer/IFPRI

DOI: 10.2499/0896295362

Traduit de la version originale en anglais: Nelson, G. C., M.W. Rosegrant, J. Koo, R. Robertson, T. Sulser, T. Zhu, C. Ringler, S. Msangi, A. Palazzo, M. Batka, M. Magalhaes, R. Valmonte-Santos, M. Ewing, and D. Lee. 2009. Climate change: Impact on agriculture and costs of adaptation. Food Policy Report 21. Washington, D.C.: International Food Policy Research Institute (IFPRI).
http://www.ifpri.org/publication/climate-change-1

ISBN 10 chiffres : 0-89629-536-2
ISBN 13 chiffres : 978-0-89629-536-0

Table des matières

Tableaux

Figures

Remerciements

Les auteurs tiennent à exprimer leur reconnaissance à la Banque asiatique de développement et à la Banque mondiale pour leur aide financière (dans le cadre du financement de l'étude de l'adaptation au changement climatique) ainsi que pour les commentaires et les suggestions fort utiles sur les versions précédentes recueillis au cours des revues par les pairs. Les erreurs et omissions éventuelles sont sous la seule responsabilité des auteurs.

Donateurs et partenaires financiers

Le travail de recherche, de renforcement des capacités et de communication mené par l'IFPRI est rendu possible par ses donateurs et ses partenaires financiers. L'IFPRI est financé essentiellement par des États, des fondations privées et des organisations internationales et régionales, dont la plupart sont membres du Groupe consultatif pour la Recherche agricole internationale (CGIAR). L'IFPRI tient à exprimer toute sa reconnaissance pour le financement, généreux et inconditionnel, des partenaires suivants : Australie, Canada, Chine, États-Unis, Finlande, France, Inde, Irlande, Italie, Japon, Norvège, Pays-Bas, Royaume-Uni, Suède, Suisse, et la Banque mondiale.

Résumé

Le défi

La croissance incontrôlée des émissions de gaz à effet de serre est en train de réchauffer la planète, avec pour conséquences la fonte des glaciers, l'augmentation des précipitations, la multiplication de phénomènes météorologiques extrêmes, et le décalage des saisons. L'accélération du changement climatique, jointe à la croissance de la population et du revenu au niveau mondial, menace partout la sécurité alimentaire.

L'agriculture est extrêmement sensible au changement climatique. Des températures plus élevées diminuent les rendements des cultures utiles tout en entrainant une prolifération des mauvaises herbes et des parasites. La modification des régimes de précipitations augmente la probabilité de mauvaises récoltes à Court terme et d'une baisse de la production à long terme. Bien que certaines régions du monde puissent enregistrer une amélioration de quelques unes de leurs cultures, le changement climatique aura généralement des impacts négatifs sur l'agriculture et menacera la sécurité alimentaire au niveau mondial.

Les populations du monde en développement, déjà vulnérables et exposées à l'insécurité alimentaire, seront vraisemblablement les plus gravement affectées. En 2005, près de la moitié de la population économiquement active des pays en développement, soit 2,5 milliards de personnes, tirait le principal de ses ressources de l'agriculture. Aujourd'hui,
75 % des pauvres du monde vivent dans des zones rurales.[1]

Ce Rapport sur les politiques alimentaires présente les résultats de recherches qui quantifient les impacts du changement climatique mentionnés ci-dessus, évalue leurs conséquences sur la sécurité alimentaire, et estime le volume d'investissements qu'il faudrait consentir pour éviter les conséquences négatives de ce changement sur le bien-être de l'humanité.

Cette analyse associe, pour la première fois, la modélisation détaillée de la croissance des cultures soumises au changement climatique aux connaissances apportées par un modèle agricole global extrêmement détaillé, sur la base de deux scénarios pour simuler le climat à venir. Les résultats de cette analyse suggèrent que ***l'agriculture et le bien-être de l'humanité seront négativement affectés par le changement climatique :***

- Dans les pays en développement, le changement climatique provoquera une baisse de la production des cultures les plus importantes. Cette baisse se fera particulièrement sentir dans l'Asie du Sud.
- Le changement climatique aura des effets variables sur le rendement des cultures irriguées selon les régions, mais en Asie du Sud les rendements de toutes les cultures irriguées subiront de fortes baisses.
- Le changement climatique amplifiera la hausse des prix des principaux produits agricoles : riz, blé, maïs et soja. Le fourrage, plus cher, entrainera une augmentation des prix de la viande, avec deux conséquences : un léger ralentissement de la croissance de la consommation de viande, et une accélération substantielle de la diminution de la consommation de céréales.
- En 2050, la disponibilité en calories sera non seulement inférieure à celle d'un scénario sans changement climatique: en fait elle sera inférieure aux niveaux de l'an 2000 dans l'ensemble du monde en développement !
- En 2050, la baisse de la disponibilité en calories augmentera la malnutrition infantile de 20 % par rapport à un scénario sans changement climatique. De plus, le changement climatique éliminerait une grande partie des gains qui auraient pu être réalisés en matière de malnutrition infantile en l'absence de changement climatique.
- Des investissements de productivité agricole agressifs, de l'ordre de 7,1 à 7,3 milliards d'US\$[2], sont donc nécessaires pour accroître la consommation de calories de façon à neutraliser les impacts négatifs du changement climatique sur la santé et le bien-être des enfants.

Recommandations

Les résultats de cette analyse suggèrent les recommandations suivantes en matière de politiques et de programmes.

1. **Concevoir et mettre en œuvre de bonnes politiques et de bons programmes en matière de développement.**
Étant donnée l'incertitude actuelle quant aux effets spécifiques du changement climatique au niveau local, des politiques et programmes de développement bien conçus sont les meilleurs investissements en matière d'adaptation au changement climatique. Un programme de développement qui favorise l'instauration d'une croissance pro-pauvres et encourage une agriculture durable contribuera aussi à la sécurité alimentaire et à l'adaptation au changement climatique dans le monde en développement. Cette adaptation est plus facile lorsque les individus ont plus de ressources, et lorsque leur environnement économique a la souplesse voulue et répond à leurs besoins.

2. **Augmenter les investissements en faveur de la productivité agricole.** Même sans changement climatique, il faut augmenter les investissements en faveur des sciences et technologies agricoles pour répondre aux besoins d'une population mondiale qui pourrait atteindre 9 milliards en 2050. Une grande partie de ceux-ci vivront dans le monde en développement, auront des revenus plus élevés et voudront une alimentation plus variée. Les solutions agricoles fondées sur la science et la technologie seront essentielles pour répondre à ces besoins.

Le changement climatique impose des demandes nouvelles et plus difficiles à satisfaire, en matière de productivité agricole. Les recherches visant à accroître la productivité de l'agriculture et de l'élevage, y compris la biotechnologie, sont essentielles pour surmonter les contraintes dues au changement climatique. Il est préférable de disposer de cultures et d'élevages susceptibles de se développer raisonnablement bien sous une gamme variée de conditions de production, plutôt que se développer très bien dans une étroite fourchette de conditions climatiques. Des recherches en matière de changements dans l'alimentation des élevages destinés à la production alimentaire et de pratiques de gestion de l'irrigation sont également nécessaires afin de réduire les émissions de méthane.

Une des leçons clé de la Révolution verte est qu'une amélioration de la productivité agricole, même si elle ne cible pas les plus pauvres parmi les pauvres, peut s'avérer un puissant mécanisme indirect de réduction de la pauvreté en créant des emplois et en abaissant les prix des aliments. Les améliorations de la productivité qui renforcent la capacité de résistance des agriculteurs aux effets du changement climatique, auront vraisemblablement des effets similaires en matière de réduction de la pauvreté.

Les infrastructures rurales sont également essentielles pour permettre aux agriculteurs de tirer parti des variétés culturales améliorées et de meilleures techniques de gestion. L'augmentation des rendements et l'extension des surfaces cultivées exigent un entretien et une densification des réseaux de pistes rurales de façon à faciliter l'accès aux marchés et à réduire les coûts de transaction. De nouveaux investissements d'infrastructures d'irrigation sont également nécessaires, pour une utilisation plus efficace de l'eau ; mais il faut faire preuve de prudence
et ne pas investir là où les disponibilités d'eau risquent de diminuer.

3. **Relancer les programmes nationaux de recherche et de vulgarisation.** Il faut investir en personnel scientifique de laboratoire, et en infrastructures où ce personnel pourra travailler. Dans ce domaine, les partenariats avec d'autres systèmes nationaux et avec des centres internationaux sont essentiels. La collaboration au niveau local avec les agriculteurs, les fournisseurs d'intrants, les commerçants et les groupes de consommateurs est également essentielle au développement et à la diffusion de techniques et de cultivars économiquement rentables et adaptés aux conditions locales. Cette collaboration contribue à revitaliser les communications entre agriculteurs, scientifiques et autres acteurs concernés, de façon à ce qu'ils soient mieux armés pour faire face aux défis du changement climatique.

Au niveau national, les programmes de vulgarisation peuvent jouer un rôle déterminant dans la diffusion d'information, en assurant le transfert des technologies, en facilitant l'interaction, en développant les capacités des producteurs, et en les encourageant à former leurs propres réseaux. Les services de vulgarisation qui ont pour objet d'assurer l'adaptation au changement climatique ont parmi leurs activités la diffusion de cultivars de variétés locales résistantes à la sécheresse, l'enseignement de systèmes de gestion améliorés, et la collecte des informations nécessaires aux travaux de recherche à échelle nationale. Les organisations d'agriculteurs peuvent constituer un mécanisme performant de partage de l'information et une courroie de transmission efficace entre les efforts du gouvernement et l'activité des agriculteurs.

4. **Améliorer la collecte, la diffusion et l'analyse de données au niveau mondial.** Le changement climatique aura des conséquences radicales sur l'agriculture. Mais on est loin de savoir où ses conséquences seront les plus sévères. Cette lacune dans nos connaissances risque de handicapper l'élaboration de bonnes politiques combattant les effets du changement climatique. Il faut donc renforcer les efforts entrepris à l'échelle mondiale visant à recueillir et à disséminer des données sur les caractéristiques spatiales de l'agriculture. Des observations périodiques et fréquentes de la surface de la terre par télédétection sont indispensables. Il faut aussi accroître les financements destinés à renforcer les programmes statistiques nationaux pour qu'ils soient mieux à même de surveiller le changement à l'échelle mondiale. L'élaboration de mesures d'adaptation et d'atténuation fondées sur l'utilisation des terres demande en effet des améliorations majeures à la collecte, la diffusion et l'analyse de données, afin de mieux comprendre les interactions entre l'agriculture et le climat.

5. **Faire de l'adaptation de l'agriculture un point clé des négociations internationales sur le climat.** Les négociations internationales sur le climat constituent un créneau d'opportunité que les gouvernements et les organisations de la société civile peuvent utiliser pour faire des propositions d'actions pratiques visant à adapter l'agriculture.

6. **Reconnaître que le renforcement de la sécurité alimentaire et l'adaptation au changement climatique sont étroitement liés.** Le changement climatique va poser d'énormes défis aux efforts entrepris pour renforcer la sécurité alimentaire. Dès lors, toute activité d'appui à l'adaptation de l'agriculture renforce du même coup la sécurité alimentaire. Inversement, tout ce qui améliore la sécurité alimentaire permet aux pauvres, notamment aux pauvres ruraux, de disposer de ressources qui les aideront à s'adapter au changement climatique.

7. **Encourager les stratégies communautaires d'adaptation.** La productivité des cultures et de l'élevage, l'accès aux marchés et les effets du climat varient fortement d'un endroit à l'autre. Les agences internationales de développement et les gouvernements nationaux doivent s'assurer que leurs appuis techniques et financiers et leur soutien au développement des capacités arrivent au niveau des communautés. Ils doivent aussi encourager la participation de ces dernières aux processus nationaux de planification de l'adaptation. Les stratégies communautaires d'adaptation peuvent aider les communautés rurales à renforcer leur capacité à faire face à des catastrophes, améliorer leurs compétences en matière de gestion des terres et à diversifier leurs moyens de subsistance. Si les politiques et les stratégies d'adaptation nationales sont importantes, c'est surtout leur mise en œuvre à l'échelle locale qui sera l'épreuve décisive de leur efficacité en matière d'adaptation.

8. **Augmenter d'au moins 7 milliards de dollars US par an les fonds destinés aux programmes d'adaptation.** Il faudra au moins 7 milliards de dollars supplémentaires par an pour financer les investissements en matière de recherche, d'infrastructures rurales et d'irrigation qui seront nécessaires pour neutraliser les effets négatifs du changement climatique sur le bien-être de l'humanité. L'affectation de ces investissements diffère selon les régions : En Afrique sub-saharienne, où la plus grosse partie de ces investissements devront être consentis, l'accent doit être mis sur les investissements routiers ; en Amérique latine, il faudra privilégier la recherche agricole ; et en Asie, l'efficacité de l'irrigation.

Scénarios de changement climatique[3]

Les travaux de recherche qui sous-tendent ce rapport donnent des estimations détaillées des impacts du changement climatique sur la production agricole, la consommation, les prix, le commerce, et sur les coûts de l'adaptation. Ils reposent sur le modèle IMPACT 2009 qui fournit des projections de l'offre et de la demande agricoles mondiales, et sur le modèle biophysique DSSAT qui permet de simuler l'impact du changement climatique sur les cultures clés suivantes : riz, blé, maïs, soja et arachide (voir encadré). Ce rapport évalue les effets du changement climatique sur la sécurité alimentaire et le bien-être humain au travers de deux indicateurs : la consommation de calories par habitant et la malnutrition infantile. Il estime pour la recherche agricole, les pistes rurales et l'irrigation, qui tous trois jouent un rôle essentiel dans l'augmentation de la productivité agricole, les coûts d'investissements qui seront nécessaires pour ramener chacun des deux indicateurs de la valeur qu'ils pourraient avoir en 2050 dans un scénario de changement climatique à la valeur en 2050 qu'ils auraient s'il n'y avait pas de changement climatique. En d'autres termes, il permet d'identifier les seuls effets du changement climatique sur le bien-être futur et de calculer les coûts des efforts à consentir pour compenser les effets du changement climatique.

IMPACT 2009

Le modèle IMPACT a été créé à l'origine par l'Institut international de recherche sur les politiques alimentaires (IFPRI) pour projeter à l'horizon 2020 et au-delà, et au niveau mondial, l'offre et la demande alimentaires et la sécurité alimentaire.[4] Il analyse 32 produits de culture et d'élevage dans 281 régions du monde dont l'ensemble couvre la superficie des terres de la planète, à l'exception de l'Antarctique. Ces régions sont appelées « unités de production alimentaire » (FPU). Les flux du commerce international définissent les relations entre la production et la demande des pays. Le modèle simule pour chaque culture l'accroissement de la production, qui est déterminé par les prix des produits et des intrants, et par des paramètres exogènes comme le taux d'amélioration de la productivité, l'expansion des surfaces cultivées, l'investissement en irrigation et la disponibilité d'eau. La demande qui dépend des prix, du revenu et de l'accroissement de la population, est subdivisée en quatre catégories : alimentation humaine, fourrage, biocombustibles et autres usages. La version 2009 du modèle comprend un modèle hydrologique lié au modèle de simulation de cultures DSSAT (Système d'aide à la décision en matière de transfert de technologie agricole), avec les effets du changement climatique sur le rendement à des intervalles de 0,5 degrés, agrégés jusqu'au niveau de l'unité de production alimentaire.

Le modèle DSSAT est utilisé pour simuler les effets du changement climatique et de la fertilisation CO_2 pour cinq cultures : riz, blé, maïs, soja et arachide. Pour les autres cultures, IMPACT 2009 part du postulat que les plantes ayant des chemins métaboliques de photosynthèse semblables réagiront de manière semblable à un effet du changement climatique donné dans une région géographique donnée. Millet, sorgho, canne à sucre et maïs suivent tous le même chemin métabolique (C4) et sont tous considérés comme donnant les résultats du DSSAT calculés pour le maïs dans leurs régions géographiques respectives. Les autres cultures étudiées avec IMPACT suivent un chemin différent (C3), qui aligne les effets du climat dans une région donnée sur la moyenne des effets sur le blé, le riz, le soja et l'arachide dans cette même région, avec deux exceptions : les effets pour les cultures « autres céréales » et « légumineuses de terres arides » dans IMPACT sont directement reliés aux résultats DSSAT du blé et de l'arachide, respectivement.

Étant donnée l'incertitude inhérente aux simulations du changement climatique, deux modèles climatiques ont été utilisés pour simuler le climat futur : le modèle du Centre national de Recherche atmosphérique (NCAR), USA, et le modèle de l'Organisation pour la Recherche scientifique et industrielle du Commonwealth (CSIRO), Australie. Tous deux utilisent le scénario A2[5] du Quatrième Rapport d'Évaluation de l'IPCC. Ci-après, nous appellerons scénario NCAR et scénario CSIRO les résultats de ces deux modèles ayant A2 comme scénario de départ. Les deux scénarios projettent des températures plus élevées en 2050, lesquelles ont pour résultat une évaporation plus importante et une augmentation des précipitations lorsque cette vapeur d'eau revient au sol. Le scénario NCAR (plus humide) estime l'augmentation moyenne des précipitations sur les terres à 10 %, tandis que le scénario CSIRO (plus sec) parle de 2 %. La figure 1 montre le changement de la température maximale moyenne entre 2000 et 2050, pour les scénarios CSIRO et NCAR. La figure 2 montre les changements de la précipitation moyenne. Dans chaque ensemble de figures, les couleurs de la légende sont les mêmes ; une couleur donnée représente un même changement dans la température ou la précipitation dans l'un ou l'autre des scénarios.

Figure 1— Changements dans la température maximale moyenne (°C), 2000-2050

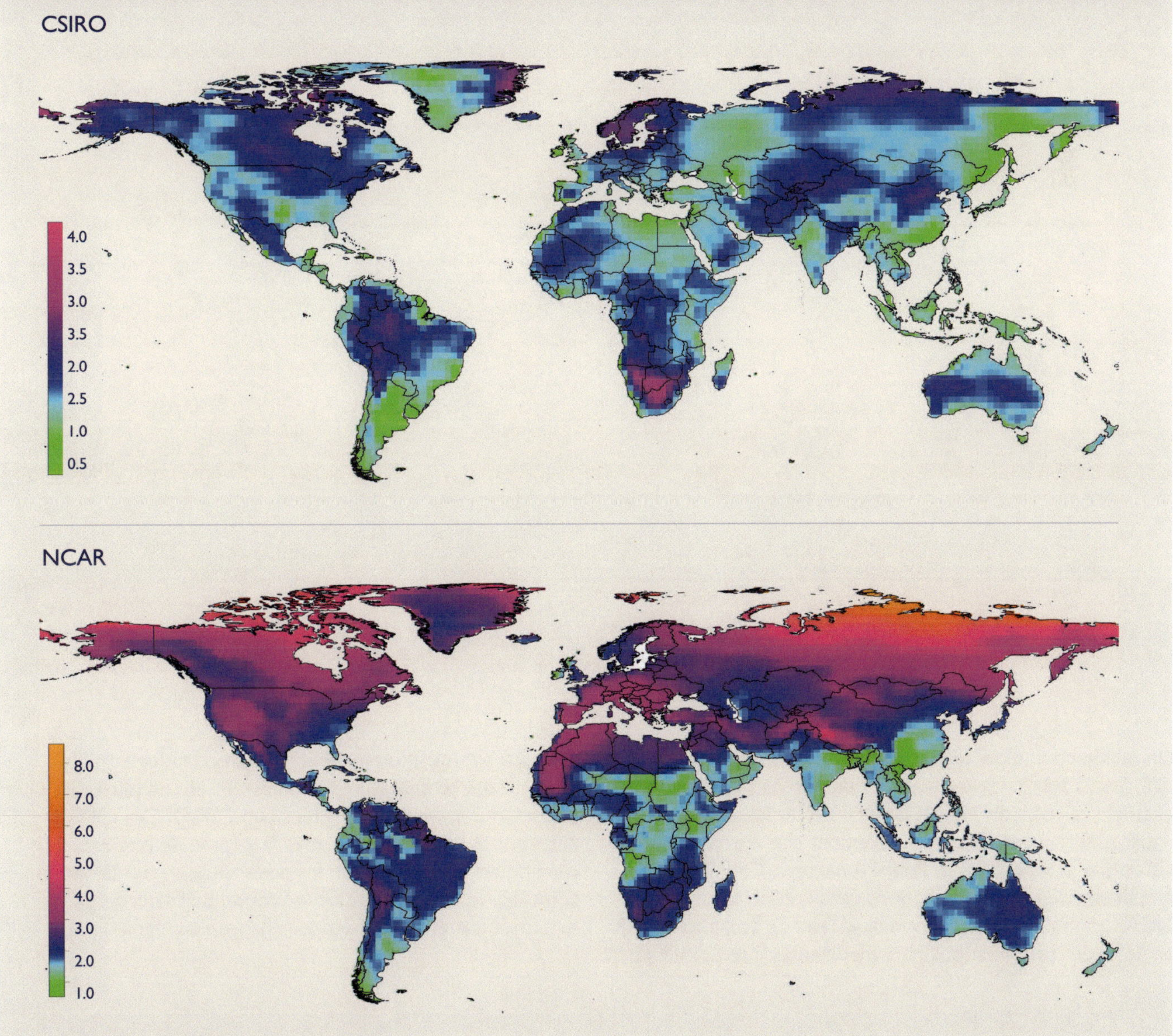

Source: données réunies par les auteurs.

Figure 2—Variation des précipitations (mm), 2000-2050

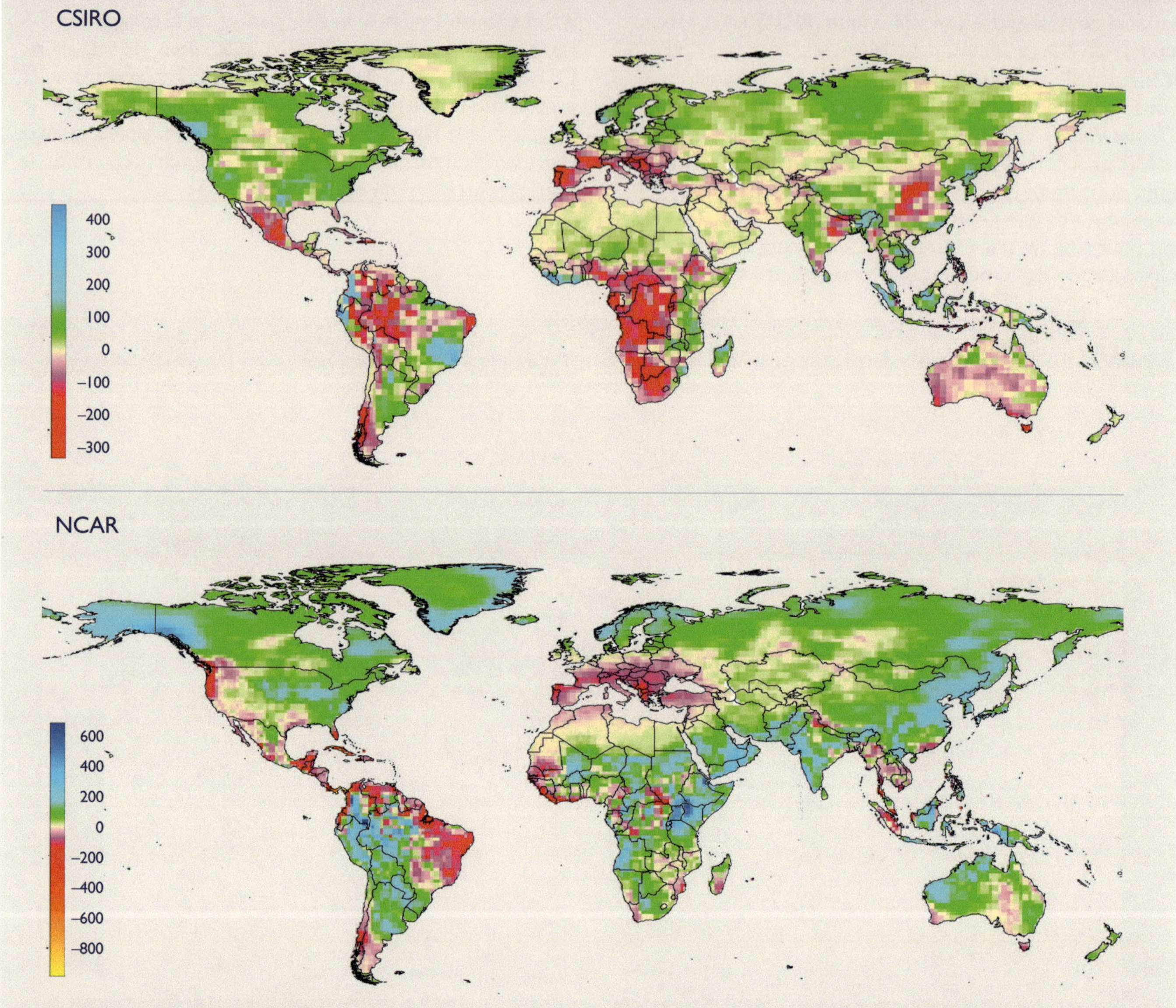

Source: données réunies par les auteurs.

Un rapide coup d'œil sur ces chiffres nous montre des différences substantielles entre les deux scénarios. Par exemple, le scénario NCAR fait état de températures maximales moyennes considérablement plus élevées que celles que prévoit CSIRO. Pour l'Amazonie, CSIRO projette une diminution des précipitations dans l'ouest, tandis que NCAR montre une diminution dans l'est. Le scénario NCAR projette des précipitations plus importantes que CSIRO pour l'Afrique sub-saharienne. Pour la Chine du Nord, NCAR projette des températures plus élevées et une pluviosité plus importante que celles projetées par CSIRO. Ces chiffres illustrent de manière qualitative la gamme de résultats climatiques possibles selon les possibilités de modélisation actuelles, et fournissent une indication de l'incertitude existante quant aux impacts du changement climatique.

Impacts du changement climatique

Les impacts du changement climatique sur l'agriculture et le bien-être humain comprennent : 1) les effets biologiques sur les rendements des cultures ; 2) les impacts résultants en aval, dont ceux sur les prix, la production et la consommation ; et 3) les impacts sur la consommation de calories par habitant et sur la malnutrition infantile. Les effets biophysiques du changement climatique sur l'agriculture entraînent des changements dans la production et dans les prix, lesquels changements influent à leur tour sur le système économique, au fur et à mesure que les agriculteurs et les autres acteurs du marché s'adaptent individuellement en modifiant le choix des cultures, l'utilisation des intrants, la production, la demande alimentaire, la consommation alimentaire et le commerce.

1. Les effets biologiques du changement climatique sur les rendements

L'augmentation des températures et les changements dans les régimes de pluies ont des effets directs sur le rendement des cultures, et des effets indirects dus aux changements dans la disponibilité d'eau pour l'irrigation.

Effets directs sur les rendements : cultures pluviales et cultures irriguées

Le Tableau 1 expose les effets biologiques directs des deux scénarios de changement climatique sur le rendement des cultures, directement modélisés avec le DSSAT pour les cultures pluviales et irriguées dans les pays en développement et développés,[6] avec et sans fertilisation CO_2 (CF et Non CF).[7] Ces résultats sont créés en « cultivant » d'abord chaque culture à travers le monde à des intervalles de 0,5 degrés dans les conditions climatiques de l'an 2000, ensuite en les « cultivant » à nouveau avec les valeurs du scénario 2050, et finalement en calculant le ratio entre les valeurs obtenues sous les conditions 2000 (donc sans changement climatique) et les valeurs fondées sur le scénario 2050 (avec changement climatique). En d'autres termes, la modélisation n'introduit pas d'ajustements économiques. Les changements de rendement dans les cultures pluviales ne proviennent que de changements dans les précipitations et dans les températures ; dans les cultures irriguées, ils ne proviennent que des changements de température.

Dans les pays en développement, les baisses de rendement prédominent pour la plupart des cultures sans fertilisation CO_2. Le blé et le riz irrigués sont frappés de manière particulièrement dure. En moyenne, les rendements sont moins affectés dans les pays développés que dans les pays en développement. En fait, dans les pays développés et pour quelques cultures seulement, le changement climatique peut même entraîner une augmentation des rendements. Dans le calcul des projections, la région de l'Asie de l'Est et du Pacifique comprend à la fois la Chine, en grande partie tempérée, et l'Asie du Sud-est à climat tropical, ce qui masque les différences dans les effets du changement climatique spécifiques à ces deux régions au climat différent. En Chine, certaines cultures se comportent raisonnablement bien parce que les hautes températures futures sont favorables là où les températures actuelles sont proches du seuil bas de la gamme de températures optimales pour ces cultures. Les rendements de cultures importantes d'Asie du Sud-est chutent sensiblement dans les deux scénarios, sauf en cas de fertilisation CO_2 efficace dans les champs des agriculteurs.

L'Asie du Sud est frappée de manière particulièrement dure par le changement climatique. Pour presque toutes les cultures, c'est la région où la baisse du rendement est la plus forte. Avec la fertilisation CO_2, les baisses de rendement sont moins importantes, et dans certaines de ces régions, on observe quelques hausses du rendement par rapport à 2000. Cependant, le maïs en culture pluviale et le blé en culture irriguée ou pluviale affichent une baisse de rendement sur de vastes superficies. L'Afrique sub-saharienne montre des résultats disparates, avec de faibles diminutions ou augmentations des rendements du maïs et des effets fortement négatifs sur le blé en culture pluviale. La région Amérique latine et Caraïbes montre aussi une diversité d'effets sur le rendement, avec de faibles augmentations pour certaines cultures et des diminutions pour d'autres.

Effets indirects : Cultures irriguées

Le changement climatique aura un impact direct sur la disponibilité d'eau pour les cultures irriguées. Les ressources en eau renouvelables internes (IRW) sont les eaux disponibles provenant des précipitations. Les deux modèles climatiques montrent des précipitations sur les terres plus importantes qu'elles ne le seraient sans changement climatique. Dans le scénario NCAR, toutes les régions affichent une augmentation des IRW. Dans le scénario CSIRO, l'augmentation moyenne des IRW est plus faible que dans le NCAR, et affiche une baisse d'environ 4 % pour les régions Moyen-Orient et Afrique du Nord, et Afrique sub-saharienne.

En plus des changements dans les précipitations, les températures plus élevées provoquées par le changement climatique augmentent les besoins en eau des cultures. Le ratio entre la consommation d'eau et les besoins s'appelle IWSR (fiabilité des approvisionnements en eau d'irrigation). Plus ce ratio est faible, plus le déficit hydrique pèse sur le rendement des cultures irriguées.

Dans le groupe des pays en développement, l'IWSR s'améliore dans le scénario NCAR mais empire dans le scénario CSIRO. Cependant, les effets du changement

Tableau 1 - Évolution des rendements entre 2000 et 2050, par culture et par système de gestion suite au changement climatique, changement en % entre le rendement sous climat 2000 et celui sous climat 2050

Région	CSIRO No CF	NCAR No CF	CSIRO CF	NCAR CF
Maïs, irrigué				
Pays en développement	–2,0	–2,8	–1,4	–2,1
Pays développés	–1,2	–8,7	–1,2	–8,6
Maïs, pluvial				
Pays en développement	0,2	–2,9	2,6	–0,8
Pays développés	0,6	–5,7	9,5	2,5
Riz, irrigué				
Pays en développement	–14,4	–18,5	2,4	–0,5
Pays développés	–3,5	–5,5	10,5	9,0
Riz, pluvial				
Pays en développement	–1,3	–1,4	6,5	6,4
Pays développés	17,3	10,3	23,4	17,8
Blé, irrigué				
Pays en développement	–28,3	–34,3	–20,8	–27,2
Pays développés	–5,7	–4,9	–1,3	–0,1
Blé, pluvial				
Pays en développement	–1,4	–1,1	9,3	8,5
Pays développés	3,1	2,4	9,7	9,5

Source : données réunies par les auteurs.

Note: pour chaque culture et système de gestion, le tableau montre la moyenne pondéré par zone du changement dans le rendement d'une culture lorsqu'on passe du climat 2000 au climat 2050. CF – avec fertilisation CO_2 ; No CF - sans fertilisation CO_2

climatique varient fortement selon les régions. L'IWSR s'améliore légèrement dansles régions Amérique latine et Caraïbes, et Moyen-Orient et Afrique du Nord, mais empire légèrement dans la région Afrique sub-saharienne mais empire légèrement en Afrique sub-saharienne, dans les deux scénarios. Pour les régions Asie de l'Est et Pacifique, et Asie du Sud l'IWSR augmente dans le scénario NCAR mais diminue dans le CSIRO.

La réduction des rendements des cultures irriguées liée au déficit hydrique est estimée directement dans le « module » hydrologique d'IMPACT, qui tient compte de la demande croissante en eau tant pour les besoins de l'agriculture que pour des besoins hors agriculture. Comme prévisible, les baisses de rendement des cultures irriguées dues au déficit hydrique sont relativement plus importantes dans le modèle CSIRO que dans le NCAR. Par exemple, dans la région Asie du Sud-est et Pacifique, sans changement climatique, les effets combinés de l'augmentation de la demande non agricole et de l'accroissement des surfaces irriguées ont pour résultat une baisse moyenne du rendement de 4,8 % pour le riz irrigué. Dans le scénario NCAR, cette baisse n'est que de 1,2 %. Cependant, dans le scénario CSIRO (plus sec), la perte de rendement pour les cultures irriguées due au déficit hydrique est de 6,7 %. En Asie de l'Est et Pacifique, les pertes de rendement du riz, du blé et du maïs irrigués sont toutes importantes dans le modèle CSIRO. En Asie du Sud, toutes les cultures irriguées subiraient de fortes baisses de rendement dans les deux modèles. En Afrique sub-saharienne, les rendements du maïs diminuent dans les deux modèles, mais les effets sont particulièrement sensibles dans le modèle CSIRO. Dans la région Amérique latine et Caraïbes, les rendements sont relativement peu affectés, ce qui est dû en partie au peu d'ampleur de la production irriguée dans cette région.

2. Prix, production et consommation de nourriture

Prix

Les prix mondiaux sont un indicateur unique fort utile des effets du changement climatique sur l'agriculture. Le tableau 2 présente (i) les effets des deux scénarios de changement climatique sur les prix mondiaux des aliments avec et sans fertilisation CO_2, et (ii) les effets sans changement climatique. Les figures 3 et 4 montrent les effets des prix mondiaux sur la production animale et les principales céréales respectivement, sans fertilisation CO_2.

Sans changement climatique, les prix mondiaux des principales cultures agricoles (riz, blé, maïs et soja) devraient augmenter de 2000 à 2050, en lien avec l'accroissement de la population et du revenu, et de la demande en biocombustibles. Même sans changement climatique, le prix du riz augmenterait de 62 %, celui du maïs de 63 %, celui du soja de 72 % et celui du blé de 39 %. Le changement climatique amène des hausses de prix supplémentaires : au total de 32 à 37 % pour le riz, de 52 à 55 % pour le maïs, de 94 à 111 % pour le blé et de 11 à 14 % pour le soja. Une plus grande efficacité des exploitations agricoles grâce à une fertilisation CO_2 entraîne une réduction de ces prix de 10% à l'horizon 2050.

L'élevage ne semble pas directement affecté par le changement climatique dans le modèle IMPACT, mais le renchérissement du fourrage à cause du changement climatique se répercute sur la production animale, ce qui augmente les prix de la viande. Par exemple, la viande de bœuf sera 33 % plus chère en 2050 sans changement climatique, et 60 % plus chère avec changement climatique et sans fertilisation CO_2 des cultures. Avec fertilisation CO_2, les prix des produits cultivés augmentent moins, donc le prix de la viande de bœuf augmente 1,5 % de moins que sans fertilisation CO_2.

Production

Le tableau 3 montre les effets du changement climatique sur la production agricole en 2050, comparée à la production sans changement climatique, selon les scénarios NCAR et CSIRO, et tient compte aussi bien des changements directs dans les rendements et dans les superficies cultivées causés par le changement climatique, que de l'adaptation individuelle au niveau des agriculteurs qui répondent aux changements des prix par des changements dans les choix de cultures et dans l'utilisation des intrants. Les effets négatifs du changement climatique sur la production agricole sont particulièrement prononcés en Afrique sub-saharienne et en Asie du Sud. En Asie du Sud, le scénario avec changement climatique amène une baisse de 14 % de la production de riz par rapport au scénario sans changement climatique, une baisse de 44 à 49 % de la production de blé, et une chute de 9 à 19 % de la production de maïs. En Afrique sub-saharienne, les baisses des rendements du riz, du blé et du maïs avec changement climatique sont respectivement de 15, de 34 et de 10 %. Pour l'Asie de l'Est et le Pacifique, les résultats sont variables selon les cultures et le modèle utilisé. La production de riz baisse d'environ 10 %, celle du blé augmente légèrement, et la production de maïs baisse dans le scénario CSIRO (plus sec) mais augmente dans le scénario NCAR. Si on compare les changements moyens dans la production, on observe que les pays en développement sont plus affectes que les pays développés, pour toutes les cultures et dans les deux scénarios (CSIRO et NCAR).

Consommation de nourriture

La production agricole utilisée pour la consommation humaine est déterminée par l'interaction de l'offre, de la demande et des prix qui en résultent, avec les préférences individuelles et le revenu. Le tableau 4 montre la consommation moyenne par habitant de céréales et de viandes en 2000 et en 2050, selon les modèles CSIRO et NCAR, avec et sans fertilisation CO_2. Il affiche aussi la consommation sans changement climatique.

Sans changement climatique, l'augmentation du revenu par habitant amène une diminution de la consommation de céréales par habitant dans les pays développés entre 2000 et 2050 et une augmentation plus importante de la consommation de viande. Cette augmentation est supérieure à celle qui résulterait de la seule compensation d'une diminution dans la consommation de céréales. Le changement climatique ralentit légèrement l'augmentation de la consommation de viande, et accélère la chute de la consommation de céréales. Ces résultats constituent une première indication des effets négatifs sur le bien-être dus au changement climatique. Les deux modèles montrent des effets semblables.

3. Consommation de calories par habitant et malnutrition infantile

Les principales mesures utilisées pour évaluer les effets du changement climatique sur le bien-être humain sont le changement dans la disponibilité de calories et le changement du nombre d'enfants mal nourris entre 2000 et 2050 sans changement climatique, et en 2050 avec les deux modèles de changement climatique.

La baisse de la consommation de céréales se traduit par des baisses du même ordre de grandeur dans la disponibilité de calories, à cause du changement climatique (voir la figure 5 et les tableaux 5 et 6). Sans changement climatique, la disponibilité de calories s'accroît partout dans le monde entre 2000 et 2050. La région Asie de l'Est et Pacifique affiche la hausse la plus forte, soit 13,8 %, mais on observe une augmentation chez le consommateur moyen dans tous les pays

Tableau 2 - Prix mondiaux des aliments (US$/tonne) en 2000 et en 2050 et pourcentages de modification pour une sélection de produits agricoles et d'élevage.

		2050				
Produit agricole	2000	Sans changement climatique	NCAR Non CF	CSIRO Non CF	NCAR CF effet (% CF/ Non CF)	CSIRO CF effet (% CF/ Non CF)
Riz (uS$/mt)	190	307	421	406	–17,0	–15,1
% modif. depuis 2000		61,6	121,2	113,4		
% modif. depuis 2050, Sans chgt. climatique			36,8	32,0		
Blé (US$/mt)	113	158	334	307	–11,4	–12,5
% modif. depuis 2000		39,3	194,4	170,6		
% modif. depuis 2050, Sans chgt. climatique			111,3	94,2		
Maïs (US$/mt)	95	155	235	240	–11,2	–12,6
% modif. depuis 2000		63,3	148,0	153,3		
% modif. depuis 2050, Sans chgt. climatique			51,9	55,1		
Soja (US$/mt)	206	354	394	404	–60,6	–62,2
% modif. depuis 2000		72,1	91,6	96,4		
% modif. depuis 2050, Sans chgt. climatique			11,4	14,2		
Boeuf (US$/mt)	1,925	2,556	3,078	3,073	–1,3	–1,5
% modif. depuis 2000		32,8	59,8	59,6		
% modif. depuis 2050, Sans chgt. climatique			20,4	20,2		
Porc (US$/mt)	911	1,240	1,457	1,458	–1,3	–1,5
% modif. depuis 2000		36,1	60,0	60,1		
% modif. depuis 2050, Sans chgt. climatique			17,5	17,6		
Agneau (US$/mt)	2,713	3,102	3,462	3,461	–0,7	–0,8
% modif. depuis 2000		14,4	27,6	27,6		
% modif. depuis 2050, Sans chgt. climatique			11,6	11,6		
Volaille (US$/mt)	1,203	1,621	1,968	1,969	–1,9	–2,1
% modif. depuis 2000		34,7	63,6	63,6		
% modif. depuis 2050, Sans chgt. climatique			21,4	21,5		

Source : données réunies par les auteurs.
Note: Les prix sont en US$ de 2000.

Figure 3—Prix mondiaux, produits d'élevage

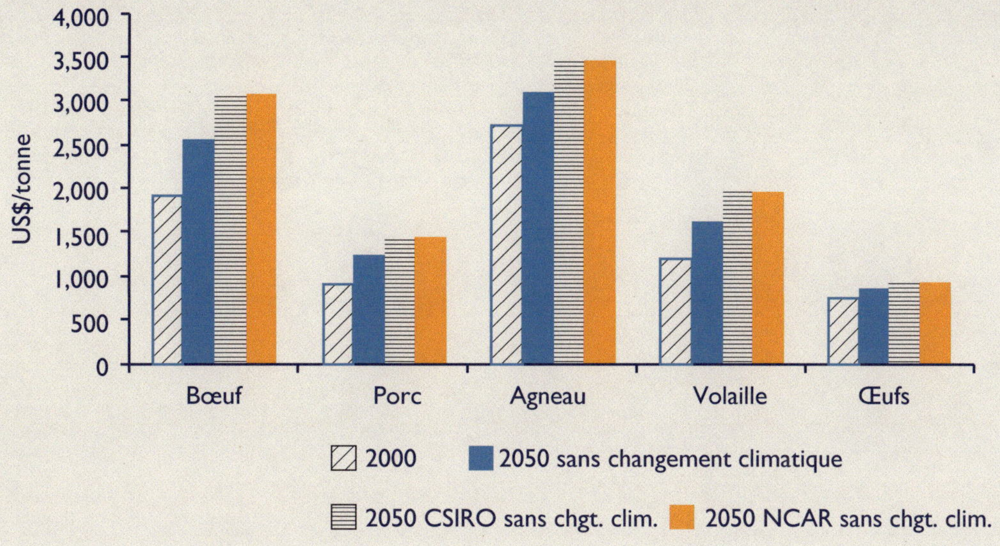

Source : données réunies par les auteurs
Les prix sont en US$ de 2000

Figure 4—Prix mondiaux, principales céréales

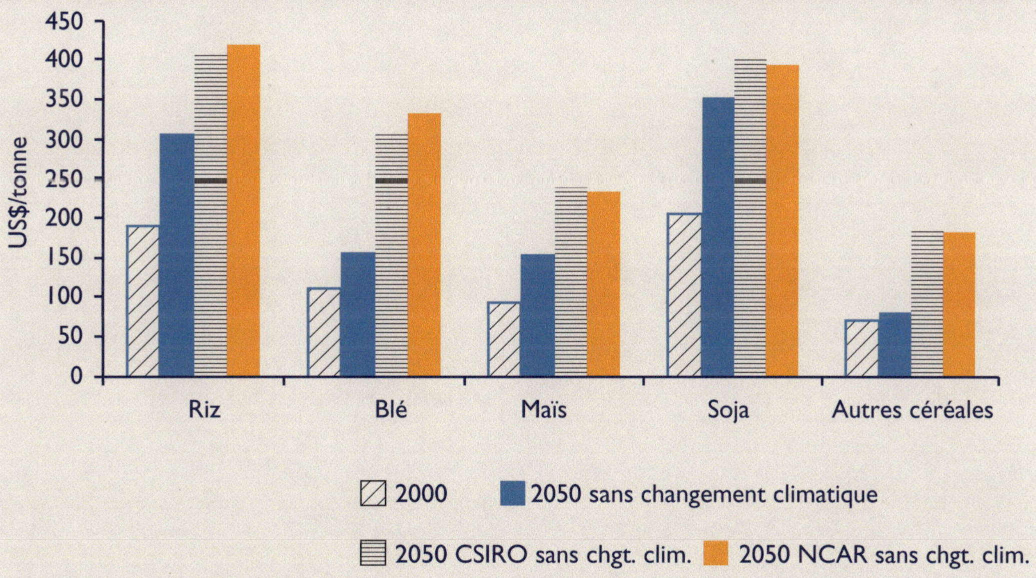

Source: données réunies par les auteurs
Note: Les prix sont en US$ de 2000.

Tableau 3—Effets du changement climatique sur la production agricole, sans fertilisation CO_2

Produit agricole	Asie du Sud	Asie de l'Est et Pacifique	Europe et Asie centrale	Amérique latine et Caraïbes	Moyen Orient et Afrique du Nord	Afrique sub-saharienne	Pays développés	Pays en développement	Monde
Riz									
2000 (mmt)	119,8	221,7	1,1	14,8	5,5	7,4	20,4	370,3	390,7
2050 Non CC (mt)	168,9	217,0	2,6	17,8	10,3	18,3	20,3	434,9	455,2
2050 Non CC (% modif.)	41,0	–2,1	144,4	19,8	87,4	146,0	–0,3	17,4	16,5
CSIRo (% modif.)	–14,3	–8,1	–0,2	–21,7	–32,9	–14,5	–11,8	–11,9	–11,9
NCAR (% modif.)	–14,5	–11,3	–0,8	–19,2	–39,7	–15,2	–10,6	–13,6	–13,5
Blé									
2000 (mmt)	96,7	102,1	127,5	23,5	23,6	4,5	205,2	377,9	583,1
2050 Non CC (mmt)	191,3	104,3	252,6	42,1	62,0	11,4	253,7	663,6	917,4
2050 Non CC (% modif.)	97,9	2,1	98,1	78,7	162,3	154,4	23,6	75,6	57,3
CSIRo (% modif.)	–43,7	1,8	–43,4	11,4	–5,1	–33,5	–7,6	–29,2	–23,2
NCAR (% modif.)	–48,8	1,8	–51,0	17,4	–8,7	–35,8	–11,2	–33,5	–27,4
Maïs									
2000 (mmt)	16,2	141,8	38,0	80,1	8,2	37,1	297,9	321,3	619,2
2050 Non CC (mmt)	18,7	264,7	62,7	143,1	13,1	53,9	505,1	556,2	1,061,3
2050 Non CC (% modif.)	15,7	86,6	65,1	78,8	59,4	45,3	69,6	73,1	71,4
CSIRo (% modif.)	–18,5	–12,7	–19,0	–0,3	–6,8	–9,6	11,5	–10,0	0,2
NCAR (% modif.)	–8,9	8,9	–38,3	–4,0	–9,8	–7,1	1,8	–2,3	–0,4
Millet									
2000 (mmt)	10,5	2,3	1,2	0,0	0,0	13,1	0,5	27,3	27,8
2050 Non CC (mmt)	12,3	3,5	2,1	0,1	0,1	48,1	0,8	66,2	67,0
2050 Non CC (% modif.)	16,5	50,1	77,2	113,0	128,0	267,2	60,5	142,5	141,0
CSIRo (% modif.)	–19,0	4,2	–4,3	8,8	–5,5	–6,9	–3,0	–8,5	–8,4
NCAR (% modif.)	–9,5	8,3	–5,2	7,2	–2,7	–7,6	–5,6	–7,0	–7,0
Sorgho									
2000 (mmt)	8,4	3,1	0,1	11,4	1,0	19,0	16,9	43,0	59,9
2050 Non CC (mmt)	9,6	3,4	0,4	28,0	1,1	60,1	20,9	102,6	123,5
2050 Non CC (% modif.)	13,9	11,6	180,9	145,3	12,2	216,9	23,6	138,7	106,2
CSIRo (% modif.)	–19,6	1,4	–2,7	2,3	0,3	–2,3	–3,1	–2,5	–2,6
NCAR (% modif.)	–12,2	6,7	–10,4	4,3	0,7	–3,0	–7,3	–1,5	–2,5

Source : données réunies par les auteurs.
Note : Les lignes intitulées « 2050 Non CC (% changement) » indiquent le pourcentage de changement dans la production entre 2000 et 2050 sans changement climatique. Les lignes intitulées « CSIRO (% changement) » et « NCAR (% changement) » indiquent le pourcentage additionnel de changement dans la production entre 2000 et 2050 dû au changement climatique, par rapport à 2050 sans changement climatique. Par exemple : la production de sorgho en Asie du Sud a été de 8,4 millions de tonnes (mt) en 2000. Sans changement climatique, la prédiction de la production de sorgho en Asie du Sud devrait augmenter à 9,6 mt en 2050, soit de 13,9 %. Selon le scénario CSIRO, la production de sorgho en Asie du Sud en 2050 est 19,6 % moindre que sans changement climatique (7,72 mt au lieu de 9,6 mt).

(3,7 % en Amérique latine, 5,9 % en Afrique sub-saharienne et 9,7 % en Asie du Sud).

Cependant, avec le changement climatique, la disponibilité de calories en 2050 est non seulement plus faible que dans le scénario sans changement climatique en 2050, mais en baisse par rapport aux niveaux de 2000 dans le monde entier. Pour le consommateur type des pays en développement, la baisse est de 10 % par rapport à 2000. Avec la fertilisation CO_2, les baisses sont de 3 à 7 % plus faibles, mais restent importantes par rapport au scénario sans changement climatique. Il n'y a pratiquement pas de différence dans les résultats en matière de calories entre les deux modèles climatiques.

Tableau 4—Consommation par habitant (kg/an) de céréales et de viandes avec et sans changement climatique (NCAR et CSIRO)

Région	2000	2050				
		Sans changement climatique	CSIRO Non CF	NCAR Non CF	CSIRO effet CF (% CF/Non CF) en 2050	NCAR CF effet CF (% CF/Non CF) en 2050
Viande						
Asie du Sud	6	16	14	14	0.9	0.8
Asie de l'Est et Pacifique	40	71	66	66	0.7	0.6
Europe et Asie centrale	42	56	51	51	0.8	0.7
Amérique latine et Caraïbes	57	71	64	64	1.0	0.9
Moyen Orient et Afrique du Nord	23	39	36	36	0.7	0.6
Afrique sub-saharienne	11	18	16	16	1.0	0.8
Pays développés	88	100	92	92	0.8	0.7
Pays en développement	28	41	37	37	0.8	0.7
Céréales						
Asie du Sud	164	157	124	121	7.0	7.1
Asie de l'Est et Pacifique	184	158	124	120	8.1	8.3
Europe et Amérique latine	162	169	132	128	5.3	4.9
Amérique latine et Caraïbes	123	109	89	87	6.1	5.9
Moyen Orient et Afrique du Nord	216	217	172	167	5.5	5.1
Afrique sub-saharienne	117	115	89	89	7.4	7.1
Pays développés	118	130	97	94	6.8	6.3
Pays en développement	164	148	116	114	7.1	7.1

Source : données réunies par les auteurs.

Figure 5—Disponibilité de calories par jour et par habitant avec et sans changement climatique

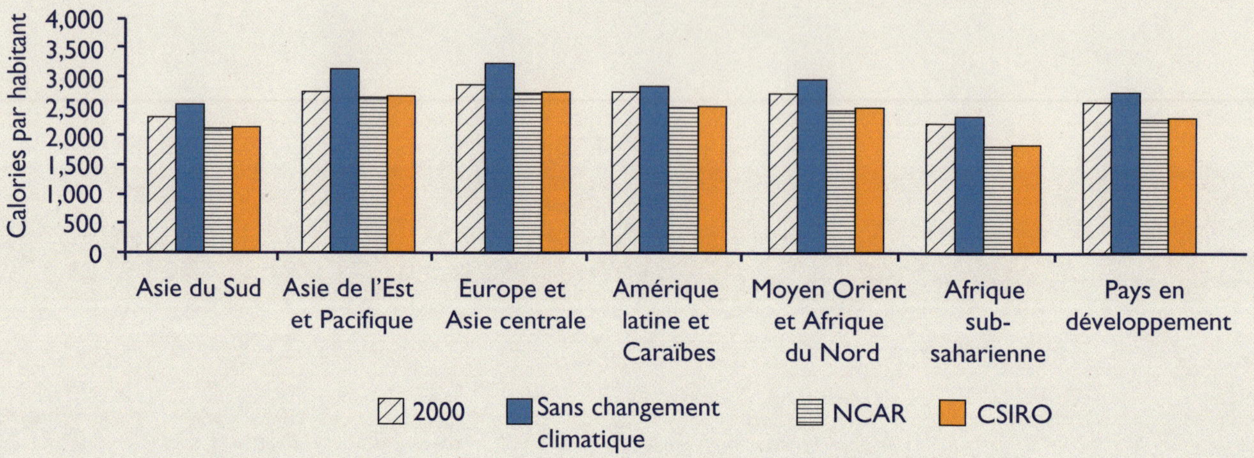

Source : données réunies par les auteurs.

Tableau 5— Disponibilité de calories par jour et par habitant avec et sans changement climatique

Région	2000	2050				
		Sans changement climatiqu kcal/jour	NCAR non CF kcal/jour	CSIRO non CF kcal/jour	NCAR effets CF (% CF/Non CF) en 2050	NCAR effets CF (% CF/Non CF) en 2050
Asie du Sud	2,424	2,660	2,226	2,255	4.3	4.3
Asie de l'Est et Pacifique	2,879	3,277	2,789	2,814	4.3	4.3
Europe et Asie centrale	3,017	3,382	2,852	2,885	2.7	2.9
Amérique latine et Caraïbes	2,879	2,985	2,615	2,628	2.7	2.8
Moyen Orient et Afrique du Nord	2,846	3,119	2,561	2,596	3.6	3.7
Afrique sub-saharienne	2,316	2,452	1,924	1,931	6.5	6.9
Pays développés	3,450	3,645	3,190	3,215	2.3	2.5
Pays en développement	2,696	2,886	2,410	2,432	4.4	4.4

Source : données réunies par les auteurs.

Tableau 6— Nombre total d'enfants mal nourris en 2000 et en 2050 (millions d'enfants de moins de 5 ans)

		2050				
Région	2000	Sans changement climatique	NCAR non CF	CSIRO non CF	NCAR effets CF (% CF/Non CF) en 2050	CSIRO effets CF (% CF/Non CF) en 2050
Asie du Sud	76	52	59	59	–3	–3
Asie de l'Est et Pacifique	24	10	15	14	–9	–9
Europe et Asie centrale	4	3	4	4	–4	–5
Amérique latine et Caraïbes	8	5	6	6	–5	–5
Moyen Orient et Afrique du Nord	3	1	2	2	–10	–11
Afrique sub-saharienne	33	42	52	52	–5	–6
Tous pays en développement	148	113	139	137	–5	–5

Source : données réunies par les auteurs.
Note: Les deux dernières colonnes de ce tableau montrent la différence (%) entre les nombres d'enfants mal nourris en 2050 avec ou sans fertilisation CO_2. Par exemple, sous NCAR et en admettant que la fertilisation CO_2 est efficace sur le terrain, il y aurait une baisse de 3 % du nombre des enfants mal nourris en Asie du Sud par rapport à celui qui résulterait du changement climatique sans fertilisation CO_2.

Coûts de l'adaptation

L'adaptation au changement climatique figure de plus en plus à l'ordre du jour des chercheurs, des décideurs et des promoteurs de programmes, qui sont conscients que le changement climatique est réel et qu'il menace de saper la stabilité sociale et écologique. Dans le domaine de l'agriculture, les efforts d'adaptation se concentrent sur la mise en œuvre de mesures aidant à développer des moyens de subsistance dans le monde rural, capables de mieux résister à la variabilité du climat et aux catastrophes naturelles. Cette section contient une évaluation des coûts des investissements à consentir pour améliorer la productivité, la recherche agricole, les pistes rurales ainsi que les infrastructures et l'efficacité de l'irrigation, qui tous contribueront à aider les agriculteurs à s'adapter au changement climatique. Mais une chose est sûre : quel que soit le scénario du changement climatique envisagé, il affectera négativement l'agriculture.

Le changement climatique augmente la malnutrition infantile et réduit la consommation de calories, et ce dans des proportions considérables. Des investissements de productivité agricole agressifs sont donc nécessaires pour provoquer une augmentation de la consommation de calories telle qu'elle compense les impacts négatifs du changement climatique sur la santé et le bien-être des enfants.

Afin d'estimer les coûts de l'adaptation seule, il est important d'identifier les investissements de productivité agricole susceptibles de réduire le niveau de la malnutrition infantile dans un scenario avec changement climatique, à ce qu'il aurait été sans changement climatique, tout en neutralisant les effets des autres macro-changements tels que l'accroissement du revenu et de la population. Deux scénarios sont évalués. Le premier, montré au tableau 7, est centré sur les pays en développement et décrit les investissements requis pour réduire la malnutrition infantile à un niveau proche de celui qu'elle atteindrait sans changement climatique. Les coûts estimés ne sont fondés que sur les investissements nécessaires à améliorer la productivité dans les pays en développement. Le second scénario inclut des gains de productivité dans les pays développés, et évalue les retombées potentielles de ces améliorations sur les pays en développement.

Le tableau 8 montre les effets sur la disponibilité de calories par habitant/jour dans ces deux scénarios. Le tableau 9 montre les résultats en matière de malnutrition infantile, pour les deux modèles climatiques, par rapport au scénario sans changement climatique. Les figures 6 et 7 illustrent graphiquement les statistiques de malnutrition dans les différentes régions de pays en développement avant et après les investissements pour l'amélioration de la productivité. Enfin, le tableau 10 montre les coûts annuels des investissements additionnels nécessaires pour contrecarrer les effets du changement climatique sur les enfants.

Tableau 7—Investissements en productivité agricole des pays en développement

60 % d'augmentation de la croissance du rendement des cultures (toutes) au-dessus de la valeur initiale
30 % d'augmentation de l'accroissement du nombre de bêtes
40 % d'augmentation de l'accroissement de la production d'huiles et de farines
25 % d'augmentation de l'accroissement des surfaces irriguées
15 % de baisse de l'accroissement de la superficie de cultures pluviales
15 % d'augmentation de l'efficacité de l'eau de bassin en 2050

Source : données réunies par les auteurs.

Tableau 8—Consommation de calories par habitant et par jour avec investissements d'adaptation (kcal/hab/jour)

Scénario	Asie du Sud	Asie de l'Est et Pacifiqu	Europe et Asie Centr	Amérique Latine et Caraïbes	Moyen Orient et Afrique	Afrique sous-saharienne	Pays en développement
2000	2,424	2,879	3,017	2,879	2,846	2,316	2,696
2050							
Sans chgt.	2,660	3,277	3,382	2,985	3,119	2,452	2,886
NCAR	2,226	2,789	2,852	2,615	2,561	1,924	2,410
NCAR +	2,531	3,161	3,197	2,994	2,905	2,331	2,768
NCAR + +	2,564	3,198	3,235	3,027	2,941	2,367	2,803
CSIRO	2,255	2,814	2,885	2,628	2,596	1,931	2,432
CSIRO +	2,574	3,200	3,243	3,011	2,954	2,344	2,801
CSIRO ++	2,612	3,241	3,285	3,048	2,996	2,384	2,840

Source : données réunies par les auteurs.
Note: NCAR + et CSIRO + ne comprennent que les investissements en productivité agricole dans le monde en développement. NCAR ++ et CSIRO ++ comprennent toutes les améliorations de la productivité, dans les pays développés ET en développement. Les résultats du changement climatique présentés dans ce tableau ne tiennent pas compte d'effets de la fertilisation CO_2.

Tableau 9—Nombre d'enfants mal nourris avec investissements d'adaptation (en millions d'enfants)

Scénario	Asie du Sud	Asie de l'Est et Pacifique	Europe et Asie centrale	Amérique latine et Caraïbes	Moyen-Orient et Afrique du Nord	Afrique sub-saharienne	Pays en développement
2000	75.62	23.81	4.11	7.69	3.46	32.67	147.84
2050							
Sans chgt. climatique	52.29	10.09	2.70	4.98	1.10	41.72	113.33
NCAR	59.06	14.52	3.73	6.43	2.09	52.21	138.52
NCAR +	54.16	10.82	3.04	4.94	1.37	44.09	118.87
NCAR ++	53.66	10.48	2.97	4.83	1.32	43.47	117.18
CSIRO	58.56	14.25	3.66	6.37	2.01	52.06	137.39
CSIRO +	53.51	10.44	2.95	4.88	1.29	43.87	117.40
CSIRO ++	52.96	10.18	2.87	4.76	1.23	43.17	115.62

Source : données réunies par les auteurs.
Note: NCAR + et CSIRO + ne comprennent que les investissements en productivité agricole dans le monde en développement. NCAR ++ et CSIRO ++ comprennent toutes les améliorations de la productivité, dans les pays développés ET en développement. Les résultats du changement climatique présentés dans ce tableau ne tiennent pas compte d'effets de la fertilisation CO_2.

Figure 6—Effets sur la malnutrition infantile, Asie du Sud et Afrique sub-saharienne

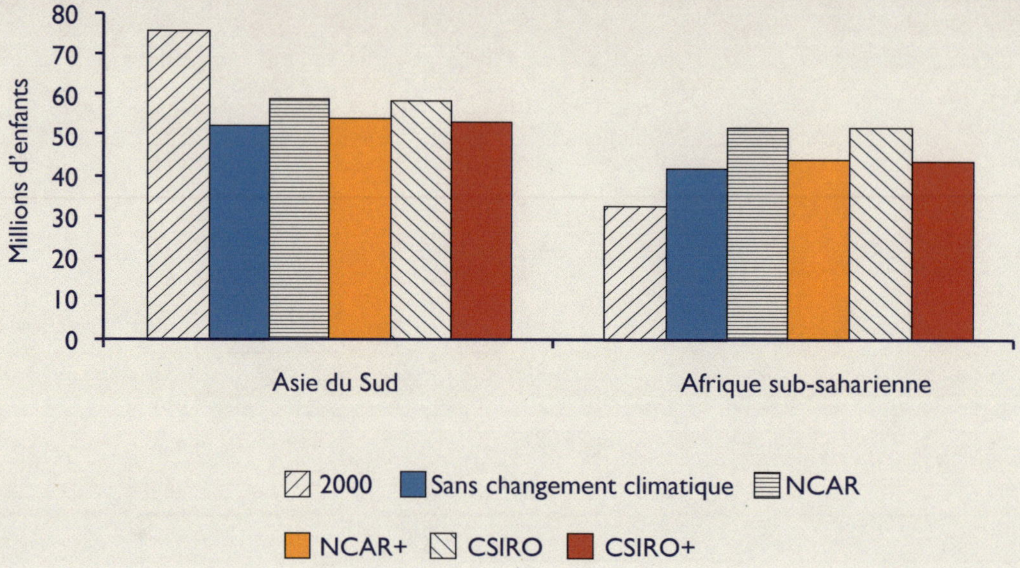

Source : données réunies par les auteurs

Figure 7—Effets sur la malnutrition infantile, Asie de l'Est et Pacifique, Europe et Asie centrale, Amérique latine et Caraïbes, et Moyen-Orient et Afrique du Nord

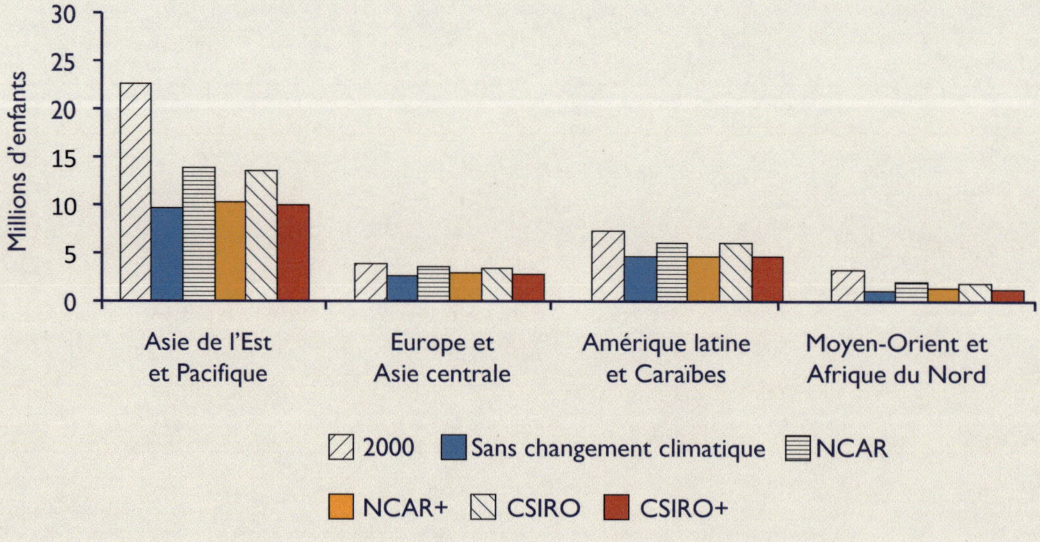

Source : données réunies par les auteurs

Comme on le voit dans le tableau 10, les investissements annuels supplémentaires nécessaires pour ramener la malnutrition infantile du niveau qu'elle aurait avec changement climatique à celui qu'elle aurait sans changement climatique sont de 7,1 milliards de dollars US dans le scénario NCAR plus humide, et de 7,3 milliards dans le scénario CSIRO plus sec. Les besoins d'investissements de l'Afrique sub-saharienne dépassent ceux des autres régions et représentent près de 40 % du total. Ils serviront en majorité à financer des pistes rurales. Les investissements en Asie du Sud sont d'environ 1,5 milliards de dollars/an, suivis de près par l'Amérique latine et les Caraïbes avec environ de 1,2 a 1,3 milliards par an. Les besoins de l'Asie de l'Est et du Pacifique sont légèrement inférieurs à 1 milliard par an. Les investissements en recherche agricole sont importants dans ces trois régions, ainsi que les investissements en irrigation. Contrairement à l'Afrique sub-saharienne, les investissements routiers nécessaires dans ces régions sont relativement faibles.

Si des investissements supplémentaires sont consentis dans les pays développés, leurs retombées vers le monde en développement pourront réduire légèrement les besoins en investissements d'adaptation. Par exemple, dans le scénario NCAR, les besoins annuels d'investissements sont de 7,1 milliards de dollars US si les investissements de productivité sont limités au monde en développement. Mais avec des investissements de productivité dans les pays développés, ce montant tombe à 6,8 milliards de dollars US.

Les messages clé qui ressortent de ces résultats ont trait à l'importance d'améliorer la productivité de l'agriculture, comme un moyen de répondre aux défis que le changement climatique nous prépare pour l'avenir. La façon de dégager ces gains de productivité indispensables varie selon les régions et, dans une certaine mesure, selon les scénarios climatiques.

Tableau 10—Investissements annuels supplémentaires nécessaires pour contrecarrer les effets du changement climatique sur la nutrition (millions d'US$ de 2000)

Scénario	Asie du Sud	Asie de l'Est et Pacifique	Europe et Asie centrale	Amérique latine et Caraïbes	Moyen-Orient et Afrique du Nord	Afrique sub-saharienne	Pays en développement
NCAR avec les investissements des pays en développement							
Recherche agricole	172	151	84	426	169	314	1,316
Expansion de l'irrigation	344	15	6	31	–26	537	907
Efficacité de l'irrigation	999	686	99	129	59	187	2,158
Pistes rurales (expansion géographique)	8	73	0	573	37	1,980	2,671
Pistes rurales (augmentation du rendement)	9	9	10	3	1	35	66
Total	1,531	934	198	1,162	241	3,053	7,118
CSIRO avec les investissements des pays en développement							
Recherche agricole	185	172	110	392	190	326	1,373
Expansion de l'irrigation	344	1	1	30	–22	529	882
Efficacité de l'irrigation	1,006	648	101	128	58	186	2,128
Pistes rurales (expansion géographique)	16	147	0	763	44	1,911	2,881
Pistes rurales (augmentation du rendement)	13	9	11	3	1	36	74
Total	1,565	977	222	1,315	271	2,987	7,338

Source : données réunies par les auteurs.
Note : Ces résultats sont fondés sur les changements dans le rendement des modèles de cultures ne tenant pas compte de l'effet de la fertilisation CO_2.

Conclusion

Cette analyse associe, pour la première fois, la modélisation détaillée de la croissance de cultures soumises au changement climatique aux résultats d'un modèle agricole mondial extrêmement détaillé. Elle montre que l'agriculture et le bien-être humain seront défavorablement affectés par le changement climatique. Le rendement des cultures diminuera, la production sera affectée, les prix des productions animales et végétales augmenteront, et la consommation de céréales baissera, avec pour résultat une diminution de l'absorption de calories et une augmentation de la malnutrition infantile.

Ces résultats sont affligeants et suggèrent les recommandations politiques et programmatiques suivantes :

- Concevoir et mettre en œuvre de bonnes politiques et de bons programmes en matière de développement.
- Augmenter les investissements de productivité agricole.
- Relancer les programmes nationaux de recherche et de vulgarisation.
- Améliorer la collecte, la diffusion et l'analyse des données au niveau mondial.
- Faire de l'adaptation de l'agriculture un point central des négociations internationales sur le climat.
- Reconnaître que le renforcement de la sécurité alimentaire et l'adaptation au changement climatique sont étroitement liés.
- Soutenir les stratégies d'adaptation au niveau communautaire.
- Augmenter les fonds pour les programmes d'adaptation d'au moins 7 milliards de dollars US par an.

Ces investissements ne garantissent peut-être pas que l'on puisse surmonter toutes les conséquences défavorables du changement climatique. Par contre, continuer comme si de rien n'était garantit presque certainement des conséquences catastrophiques.

Notes

1. Banque mondiale, 2008.

2. Tous les dollars sont des dollars US de 2000, sauf autre indication.

3. Pour une description complète de la méthodologie, voir l'Annexe 1 (www.ifpri.org/sites/default/files/publications/pr21app1.pdf)

4. Rosegrant et al. 2008.

5. Voir l'Annexe 1 (www.ifpri.org/sites/default/files/publications/pr21app1.pdf) pour la description du scénario A2.

6. Pour voir les résultats du groupement régional complet des pays de la Banque mondiale, voir Tableau A2.1 dans l'Annexe 2 (www.ifpri.org/sites/default/files/publications/pr21app2.pdf)

7. Les plantes produisent plus de matière végétative lorsque la teneur de CO_2 dans l'atmosphère augmente. Les effets dépendent du type de processus de photosynthèse utilisé par chaque espèce botanique. Les effets de plus hautes concentrations de CO_2 sur les champs cultivés étant mal connus, nous faisons état des résultats aussi bien avec 369 ppm de CO_2 atmosphérique (la teneur approximative en 2000, résultats sans CF) qu'avec 532 ppm, résultats avec CF (la teneur prévisible en 2050 dans le scénario A2).

Références

Fan, S., P. Hazell, and S. Thorat. 1998. *Government spending, growth and poverty: An analysis of interlinkages in rural India.* Environment and Production Technology Division Discussion Paper 33. Washington, D.C.: International Food Policy Research Institute.

Haie, N., and A. A. Keller. 2008. Effective efficiency as a tool for sustainable water resources management. *Journal of the American Water Resources Association* 10: 1752–1688.

IPCC et al. 2007. *Climate change 2007: Impacts, adaptation and vulnerability.* Contribution of Working Group II to the Fourth Assessment Report of the Intergovernmental Panel on Climate Change. Cambridge, UK: Cambridge University Press.

Jones, J. W., G. Hoogenboom, C. H. Porter, K. J. Boote, W. D. Batchelor, L. A. Hunt, P. W. Wilkens, U. Singh, A. J. Gijsman, and J. T. Ritchie. The DSSAT cropping system model. 2003. *European Journal of Agronomy* 18(3-4): 235–265.

Keller, A., and J. Keller. 1995. Effective efficiency: A water use concept for allocating freshwater resources. Winrock International, Center for Economic Policy Studies, Discussion Paper 22. Arlington, Va., U.S.A.: Winrock International.

Long, S. P., E. A. Ainsworth, A. D. B. Leakey, J. Nosberger, and D. R. Ort. 2006. Food for thought: Lower-than-expected crop yield stimulation with rising CO_2 concentrations. *Science* 312(5782): 1918–1921.

Parry, M. L., C. Rosenzweig, A. Iglesias, M. Livermore, and G. Fischer. 2004. Effects of climate change on global food production under SRES emissions and socio-economic scenarios. *Global Environmental Change* 14(1): 53–67.

Rosegrant, M. W., S. Msangi, C. Ringler, T. B. Sulser, T. Zhu, and S. A. Cline. 2008. *International Model for Policy Analysis of Agricultural Commodities and Trade (IMPACT): Model description.* Washington, D.C.: International Food Policy Research Institute.

Smith, L., and L. Haddad. 2000. *Explaining child malnutrition in developing countries: A cross-country analysis.* IFPRI Research Report. Washington, D.C.: International Food Policy Research Institute.

World Bank. 2008. World Development Report 2008: *Agriculture for Development.* Washington, D.C.: The World Bank.

You, L., and S. Wood. 2006. An entropy approach to spatial disaggregation of agricultural production. *Agricultural Systems* 90(1-3): 329–347.

Zavala, J. A., C. L. Casteel, E. H. DeLucia, and M. R. Berenbaum. 2008. Anthropogenic increase in carbon dioxide compromises plant defense against invasive insects. *Proceedings of the National Academy of Sciences* 105(13): 5129–5133.

Les auteurs

Tous les auteurs appartiennent à la division Environment and Production Technology (EPTD) (Division de technologie de l'environnement et de la production) de l'IFPRI. Leur équipe comprend : **Gerald C. Nelson**, chargé de recherche senior, **Mark W. Rosegrant**, chef de division, **Jawoo Koo**, chargé de recherche, **Richard Robertson**, chargé de recherche, **Timothy Sulser**, scientifique, **Tingju Zhu**, scientifique senior, **Claudia Ringler**, chargée de recherche senior, **Siwa Msangi**, chargé de recherche senior, **Amanda Palazzo**, assistante de recherche senior, **Miroslav Batka**, assistant de recherche, **Marialia Magalhaes**, assistante de recherche senior, **Rowena Valmonte-Santos**, analyste senior, **Mandy Ewing**, analyste, et **David Lee**, consultant.

Made in the USA
Monee, IL
05 November 2026

67379793R00019